Anweisung

für die

Aufstellung und Ausführung

von

Dränageentwürfen.

Herausgegeben

von der

Königlichen General-Kommission für die Provinz Schlesien.

Mit zwei Karten und einer Tafel.

Vierte umgearbeitete Auflage.

Springer-Verlag Berlin Heidelberg GmbH

1911.

Additional material to this book can be downloaded from http://extras.springer.com.

ISBN 978-3-662-40856-8   ISBN 978-3-662-41340-1 (eBook)
DOI 10.1007/978-3-662-41340-1

Softcover reprint of the hardcover 4th edition 1911

Universitäts-Buchdruckerei von Gustav Schade (Otto Francke)
in Berlin und Fürstenwalde (Spree).

Inhaltsverzeichnis.

                      Seite

Einleitung 5

Teil I.
Die technischen Grundsätze für die Aufstellung von Dränageentwürfen.

a) Allgemeines.

§ 1. Begriff der Dränage 7

b) Vorflutanlagen.

§ 2. Gräben. Wahl der Grabenquerschnitte, abzuführende Wassermenge, Gefälle, Sohlenbreite, Böschungsneigung, Berechnung der Grabenabmessungen, Brücken und Durchlässe 7

§ 3. Senkbrunnen 9

c) Dränageanlagen.

§ 4. Das Entwerfen der Systeme 9

§ 5. Die Sammler; Lage, Länge, Tiefe, Rohrweite, Wassermenge, Gefälle, Ausmündung, Kreuzung von Gräben und Wegen, Brunnenstuben . 9

§ 6. Die Sauger; Lage, Tiefe, Strangentfernung, Gefälle, Rohrweite, Länge, Einmündung in die Sammler, Kopfdräns 11

§ 7. Dränage in der Nähe von Bäumen und Sträuchern 13

§ 8. Ableitung von Quellen 14

Teil II.
Die förmliche Behandlung der Dränageentwürfe.

A. Vorentwürfe für die Bildung von Dränagegenossenschaften.

§ 9. Vorbemerkungen (vgl. Ministerialerlaß vom 25. Februar 1895 J.-Nr. I, 4062/95) 15

§ 10. Der Übersichtsplan 15

§ 11. Der Lageplan 16

§ 12. Der Höhenplan und die Querschnitte der Vorfluter 16

§ 13. Die Erläuterung 16

§ 14. Der Kostenüberschlag 16

§ 15. Das Teilnehmerverzeichnis 17

B. Sonder-Dränageentwürfe.

a) Allgemeines.

Seite

§ 16. Bestandteile eines Dränageentwurfs 17

b) Einzelheiten der Dränageentwürfe.

§ 17. Übersichtskarte 18
§ 18. Lageplan 19
§ 19. Höhenpläne für die Gräben 21
§ 20. Die Erläuterung 22
§ 21. Der Kostenanschlag 23
§ 22. Das Teilnehmerverzeichnis 25

Teil III.

Die Bauausführung.

Seite

§ 23. Vergebung der Arbeiten 26
§ 24. Beginn und Reihenfolge der Ausführung 26
§ 25. Beschaffenheit der Röhren 27
§ 26. Grabenarbeiten 27
§ 27. Verlegen der Röhren 27
§ 28. Zufüllen der Drängräben 28
§ 29. Abrechnung 28
§ 30. Ausführungszeichnung 28

Anlagen.

A. Nachweisung der Vorfluter 29
B. Teilnehmerverzeichnis 30/31
C. Zusammenstellung der Vorflutanlagen . . . . 33—35
D. Längen- und Strangentfernung der Saugedräns 36
E. Die Sammler 37
    I. Die Lichtweiten, Längen und Tiefen der Sammler . . . 38
    II. Zusammenstellung der Längen der Sammler 39
    III. Ermittelung des Bedarfs an Muffenröhren 39
F. Ermittelung der Stückzahl und des Gewichtes der Röhren . . . 40
G. und H. Tabellen zur Bestimmung des Röhrendurchmessers . . . 41/42

Einleitung.

Dränageanlagen haben den Zweck, die schädliche Nässe bis auf eine dem Pflanzenwachstum nicht mehr nachteilige Tiefe aus dem Boden unterirdisch zu entfernen.

Die Vorteile zweckmäßig ausgeführter Dränageanlagen sind so erheblich, daß die darauf verwendeten Kosten im allgemeinen als Wertverbesserungen angesehen werden können.

Diese Vorteile lassen sich mit möglichst geringem Kostenaufwande nur dann erreichen, wenn der Ausführung ein Entwurf zugrunde liegt, welcher nach den für Dränageanlagen geltenden technischen Grundsätzen aufgestellt ist.

Um die Prüfung der Entwürfe zu erleichtern, ist eine einheitliche Behandlung bei Aufstellung derselben nicht zu entbehren, weshalb die vorliegende Anweisung besondere Vorschriften über die Behandlung der Dränageentwürfe enthält.

Ebenso haben sich bestimmte Anleitungen für die Vergebung, Ausführung und Abrechnung der Arbeiten als erforderlich erwiesen.

Die Königliche General-Kommission für Schlesien hat sich deshalb veranlaßt gesehen, auf Grund des § 18 der Verordnung vom 30. Juni 1834 bereits unterm 6. April 1857, 12. Februar 1884, 1. Januar 1893 und 1. Januar 1899 bezügliche Anweisungen zu erlassen und dieselben für diejenigen Fälle zur Anwendung vorzuschreiben, in welchen ihr die Prüfung von Dränageentwürfen und die Abnahme der Bauausführungen obliegt. Diese Fälle liegen vor bei der Verwendung von Ablösungsgeldern, bei Ausführung von Dränagen gelegentlich der Gemeinheitsteilungen, bei Bildung öffentlicher Wassergenossenschaften nach dem Gesetz vom 1. April 1879 und in denjenigen Fällen, wo das Gesetz betreffend die Errichtung von Landeskultur-Rentenbanken vom 13. Mai 1879 zur Anwendung kommt.

Da die Anweisung vom 1. Januar 1899 im Buchhandel vergriffen ist, hat eine Neubearbeitung stattgefunden, welche den inzwischen als notwendig oder wünschenswert bezeichneten Änderungen Rechnung trägt. Durch Einführung dieser neuen „Anweisung zur Aufstellung und Ausführung von Dränageentwürfen vom 1. Oktober 1910" treten die älteren Anweisungen außer Kraft. Abweichungen von dieser Anweisung sind nur in Ausnahmefällen zulässig und müssen jedenfalls eingehend begründet werden.

Teil I.
Die technischen Grundsätze für die Aufstellung von Dränageentwürfen.

a) Allgemeines.

§ 1. Begriff der Dränage.

Unter einer Dränage versteht man die Entwässerung des Bodens mittels unterirdischer Abzüge, welche am häufigsten aus kurzen, gebrannten Tonröhren, neuerdings auch versuchsweise aus Zementröhren hergestellt werden.

Die Röhren entziehen durch die Stoßfugen dem Boden einen Teil des Wassers, welches durch die Sauger den Sammlern und durch diese dem Vorfluter zugeführt wird.

b) Vorflutanlagen.

§ 2. Gräben.

Die Beschaffung ausreichender Vorflut ist die Vorbedingung für eine dauernde Wirksamkeit der Dränentwässerung und für eine bleibende Verbesserung der Grundstücke. Es ist daher eine besondere Aufmerksamkeit auf die Verbesserung der vorhandenen oder die Anlegung neuer Gräben, sowie auf den Bau etwa erforderlicher Brücken und Durchlässe zu richten.

Die Grabenquerschnitte sind derart zu wählen, daß das Mittelwasser unter der Ausmündungshöhe der Sammler und, soweit der Vorfluter im Ackerlande liegt, das größte Hochwasser, soweit er im Wiesenlande oder Walde liegt, ein Sommerhochwasser bordvoll abfließen kann. Der Nachweis ist rechnerisch zu führen, sobald das Sammelgebiet größer als 1,5 qkm = 150 ha ist.

Abzuführende Wassermenge.

Die abzuführende Wassermenge ist abhängig von der Ausdehnung, Form, Sonnenlage, Neigung, Höhenlage, Bodenbeschaffenheit und Kultur des betreffenden Niederschlagsgebiets, so daß allgemein gültige Angaben hierüber nicht gemacht werden können. Als Anhalt für Gräben und kleinere Bäche möge dienen, daß

die abzuführende Mittelwassermenge
      im Hügellande zu . . 8 bis 15 sl/qkm
      im Flachlande zu . . . 6 bis 10 =,

die abzuführende Sommerhochwassermenge
      im Hügellande . . bis zu 200 sl/qkm
      im Flachlande zu . . . 25 bis 40 =,

die abzuführende größte Hochwassermenge
      im Hügellande zu . 250 bis 600 sl/qkm
      im Flachlande zu . . 65 bis 250 =

angenommen werden kann.

Gefälle.

Das auf Grund einer Höhenmessung zu ermittelnde Gefälle ist für jeden Graben möglichst gleichmäßig zu verteilen; dasselbe soll jedoch tunlichst nicht geringer als $1:2500$ ($0,4 \,^0/_{00}$) sein. Bei sehr starkem Gefälle ist durch Einbau senkrechter oder geneigter Abstürze für eine Verminderung des Gefälles zu sorgen, oder es ist mittels durchgehender Befestigung der Sohle und der Böschungen dem Wasserangriff entgegenzuwirken.

Sohlenbreite.

Die Sohlenbreite ist möglichst nicht unter 0,5 m, keinenfalls unter 0,4 m zu wählen.

Böschungsneigung.

Für die Böschungsneigung ist die Bodenbeschaffenheit maßgebend. Eine steilere Neigung als $1:1^1/_2$ ist jedoch nur ausnahmsweise zulässig.

Berechnung der Grabenabmessungen.

Nach der abzuführenden Wassermenge und dem zur Verfügung stehenden Gefälle ist die Berechnung der Grabenabmessungen nach der Formel von Ganguillet und Kutter unter Benutzung der sich darauf gründenden Tabellen und Tafeln und unter Annahme eines Rauhigkeitsbeiwerts $n = 0,03$ vorzunehmen.

Sind über diese Gräben Brücken oder Durchlässe anzulegen, so muß deren wasserführender Querschnitt für die zugrunde gelegte Hochwassermenge berechnet werden.

§ 3. Senkbrunnen.

Senkbrunnen.

Das Einleiten des Dränwassers in Senkbrunnen, Kies- oder Sandgruben ist nur in solchen Fällen zulässig, in denen erfahrungsmäßig oder durch Untersuchungen festgestellt ist, daß sich an den betreffenden Orten im Untergrunde Kies- oder Sandschichten befinden, welche das zugeführte Wasser aufzunehmen und unterirdisch abzuführen vermögen.

c) Dränageanlagen.

§ 4. Das Entwerfen der Systeme.

Das Entwerfen der Systeme.

Alle Rohrstränge, welche das Wasser nach einem gemeinschaftlichen Ausgusse leiten, bilden ein System.

Jedes Dränagesystem ist der Oberflächengestaltung des Bodens und den Vorflutverhältnissen anzupassen. Hierbei sind so viele Sammeldräns zu einem System zu verbinden, als dieses die zulässigen größten Lichtweiten der Dränröhren — im allgemeinen nicht über 16 cm — gestatten.

Im Schliefsande und eisenschüssigen Boden ist es erforderlich, das Wasser mit tunlichst starkem Gefälle dem Vorfluter zuzuführen und kleine Systeme anzuordnen.

§ 5. Die Sammler.

Die Sammler.

Die Sammler sind derartig anzuordnen, daß das Wasser möglichst auf kürzestem Wege dem Ausgusse zugeführt wird.

Länge.

Die Länge der Sammler, welche tunlichst 1000 m nicht überschreiten soll, ist abhängig von den örtlichen Verhältnissen und der zulässigen lichten Weite der käuflichen Röhren.

Doppeldräns.

Doppeldräns, d. h. 2 Rohrstränge nebeneinander in demselben Graben, dürfen nicht angewendet werden; gegebenenfalls sind zwei gleichlaufende Stränge im Abstande der Sauger anzuordnen.

Tiefe.

Die Tiefe richtet sich nach der Tiefenlage der Sauger (vergl. § 6); sie beträgt unter gewöhnlichen Verhältnissen mindestens 1,30 m von Erdoberfläche bis Oberkante Rohr.

Rohrweite.

Die Rohrweite wird durch die abzuführende Wassermenge und durch das Gefälle des Rohrstranges bedingt. Lichte Weiten unter 5 cm sind ausgeschlossen, über 21 cm nur ausnahmsweise gestattet. Für die Sammler von mehr als 16 cm Lichtweite werden zweckmäßig Röhren von doppelter Länge verwendet.

Wassermenge. Die bisherigen Erfahrungen haben ergeben, daß zur Berechnung der Weiten der Sammler für die Ebene die Abführung einer sekundlichen Wassermenge von 0,65 l von 1 ha und für gebirgige Gegenden von 0,8 l von 1 ha ausreichend ist (siehe Anlagen G und H). Auf den Zufluß von Wasser aus fremdem Gebiet, das z. B. durch Steinkessel einzuführen ist, ist Rücksicht zu nehmen.

Zur Bestimmung der Weiten kann auch die beigegebene zeichnerische Tafel benutzt werden.

Gefälle. Das auf je hundert zu berechnende Gefälle ist möglichst gleichmäßig zu verteilen; eine Abnahme der mittleren Geschwindigkeit des Wassers ist nach Möglichkeit zu vermeiden.

Geschwindigkeit des Wassers. Die Geschwindigkeit des in den Röhren abfließenden Wassers muß groß genug sein, um Ablagerungen zu verhindern. Hierzu ist bei voller Füllung ohne Überdruck eine Geschwindigkeit von 0,16 bis 0,20 m erforderlich, woraus sich ergibt, daß als geringste Gefälle auf 100 m Länge in gewöhnlichem Boden zu wählen sind:

für Sauger . . . . 0,25 m,
für Sammler . . . . 0,20 m.

Geringere Gefälle bedürfen einer besonderen Begründung.

Ausmündungen Die Ausmündungen sind wenigstens 0,80 m unter der Erdoberfläche, und zwar so anzulegen, daß sie über dem mittleren Wasserspiegel und auch in angemessener Höhe (20 cm) über Grabensohle liegen. Läßt sich die Ausmündung wegen niedriger Lage des Geländes nicht den vorgenannten Bedingungen entsprechend ausführen, so ist dieselbe in höheres Gelände zurückzulegen und mit dem Vorfluter durch einen Stichgraben zu verbinden.

Für die Richtung der Ausmündungsröhren ist möglichst ein Winkel von rd. 45° zur Grabenachse zu wählen. Zu den Ausmündungen sind besondere, etwa 10 bis 20 cm aus der Böschung vorspringende Röhren aus Holz, Eisen oder Zement zu verwenden, welche entgegengesetzt zur Böschungsneigung abgeschrägt und erforderlichenfalls mit nach außen beweglichem Gitter oder selbsttätigem Verschluß versehen sind; letztere sind namentlich dort angezeigt, wo häufig hohe Wasserstände in dem Vorfluter eintreten.

Die Ausmündungsstücke sind nötigenfalls an der Wasserseite durch Jochpfähle, Trocken- oder sonstiges Mauerwerk zu unterfangen. Auch empfiehlt sich die Anwendung der in letzter Zeit vielfach in

den Handel gebrachten Betonausmündungsstücke mit Betonunter=
lagsplatten.

Empfehlenswert ist ferner die Bezeichnung der Ausmündungs=
stellen der Dräns durch Nummersteine am Uferrande.

Bei Kreuzung von Gräben und Wegen (mit Ausnahme wenig *Kreuzung von*
befahrener Wirtschaftswege) sind Muffenrohre für die Sammler zu *Gräben und*
verwenden, die abzudichten sind. *Wegen.*

Das Verlegen der Rohre auf und unter der Sohle vorhandener
Gräben ist unzulässig.

Brunnenstuben werden zweckmäßig an den Punkten angelegt, *Brunnenstuben.*
in welchen sich mehrere Sammler größerer Entwässerungsgebiete
vereinigen, ferner an den Stellen, an welchen eine sehr starke
Richtungsänderung großer Sammler notwendig wird. Es empfiehlt
sich, die kleineren derselben aus einem aufrecht stehenden, weiten
Ton= oder Zementrohr mit Unterlage und gut schließendem Deckel
aus Steinplatten herzustellen.

Die Brunnenstuben sind öfter nachzuprüfen und zu reinigen.
Ihre Lage ist daher so zu bezeichnen, daß sie leicht aufgefunden
werden können.

§ 6. Die Sauger.   *Die Sauger.*

Die Sauger sind bei geringerer Neigung des Geländes als *Lage.*
1 : 250 bis 1 : 300 in die Richtung des stärksten Gefälles, bei größerer
Neigung schräg zu derselben zu legen.

Bei eisenschüssigem Boden und Triebsand ist ein Gefälle von
1 : 100 bis 1 : 250 als Grenze zwischen Längs= und Querdränage
anzunehmen.

Die Tiefe der Sauger ist so zu wählen, daß der Grund= *Tiefe.*
wasserstand in eine für das Wachstum der Pflanzen geeignete
Tiefe gesenkt wird. Hierzu reicht nach den bisherigen Erfahrungen
im Ackerboden das Maß von 1,25 m, in Wiesen ein solches von
1,0 m für die Tiefenlage der Dräns aus*). Geringere Tiefen,
welche etwa durch mangelhafte Vorflut oder durch die Eigenartig=
keit des Bodens bedingt sind, oder zur schnellen Abführung von
Oberflächenwasser angezeigt erscheinen, bleiben eingehend zu be=
gründen.

---

*) Unter Tiefe ist der Abstand zwischen Rohroberkante und Erdoberfläche
zu verstehen.

Strangentfernung. Die Entfernung der Saugedräns voneinander steht bis zu einem gewissen Grade mit der Tiefe in Wechselwirkung und ist abhängig von der Durchlässigkeit des Bodens.

Im allgemeinen können nach den bisherigen Erfahrungen bei den regelrechten Tiefen von 1,25 m im Acker und 1,0 m in Wiesen und bei geringerem Gefälle des Geländes als 1 : 250 bis 1 : 300 folgende Entfernungen angenommen werden:

in mildem Sandboden . . . . . 24—30 m
in lehmigem Sandboden . . . . 20—24 =
in sandigem Lehmboden . . . . 16—20 =
in gewöhnlichem Lehmboden mit
    Steinen . . . . 14—16 =
in schwerem Lehmboden . . . . 12—14 =
in schwerstem Tonboden . . . . 10—12 =.

Schliefsand, d. h. ganz feiner wasserhaltender Sand, und stark eisenschüssiger Boden erfordern eine kleine Strangentfernung, welche in jedem Falle besonders festzusetzen ist.

Bei stärkerer Neigung des Geländes und schräg zum Hang gerichteten Saugern können obige Maße bis zu 20% vergrößert werden.

Bei verschieden geschichtetem Untergrunde muß die Entfernung nach dem Verhältnis der Stärke der einzelnen Schichten beurteilt und eine Durchschnittszahl angenommen werden; finden sich die schweren Böden nur nesterweise, so können Zwischendräns eingelegt werden. Für andere Bodenarten und Tiefen der Röhren werden die erforderlichen Maßnahmen in jedem Falle besonders zu begründen sein. In Rücksicht auf die durch die Strangentfernung bedingte Höhe der Kosten ist den Bodenuntersuchungen ganz besondere Aufmerksamkeit zu widmen und auf mindestens 5 ha zusammenhängender Fläche je eine Untersuchung bis zu der geringsten Tiefe von 1,5 m vorzunehmen.

Gefälle. Das Gefälle für die Sauger darf keinenfalls weniger als 0,25 m auf 100 m Länge betragen. Wird ein sog. künstliches Gefälle eingeführt, d. h. wird das Gefälle der Sauger größer als dasjenige des Geländes genommen, so muß dasselbe durch Höhenzahlen nachgewiesen werden. In eisenhaltigem Boden und im Schliefsande ist den Saugern ein möglichst starkes Gefälle zu geben.

Der Durchmesser von 4 cm genügt in den meisten Fällen. **Rohrweite.** Im Schliefsande und eisenschüssigen Boden ist dagegen Röhren von 5 cm Durchmesser der Vorzug zu geben. Wenigstens sind sie im unteren Teile der über 80 m langen Sauger zu verwenden. Ebenso sind Sauger über 150 m Länge auch bei regelrechten Bodenverhältnissen im unteren Teile mit 5 cm weiten Röhren zu verlegen.

Die Länge der Sauger darf im allgemeinen nicht über 150 m **Länge** betragen; hiernach ist die Lage der Sammler unter möglichster Berücksichtigung der Gelände-Verhältnisse anzuordnen; ausnahmsweise sind Längen einzelner Saugedräns bis zu 200 m zulässig.

Die Kreuzung von Wegen (mit Ausnahme von wenig be- **Kreuzung von** fahrenen Wirtschaftswegen) und Wasserläufen durch Sauger ist **Wegen und Gräben.** unstatthaft.

Die Einmündung der Sauger in die Sammler hat, soweit es **Einmündung** die Gefällverhältnisse gestatten, von oben zu geschehen; die Ver- **der Sauger.** wendung zweckmäßiger Formstücke zur Verbindung der Sammler mit den Saugern und der Sammler unter sich ist sehr zu empfehlen (Hakenröhren, Aströhren, Übergangsröhren u. dergl.). Die Ausmündung in offene Gräben ist unstatthaft.

Wenn das Grundwasser von oberhalb gelegenen Grundstücken **Kopfdräns.** stark auf die zu dränierende Fläche andrängt, so sind an der Grenze quer vor dem oberen Ende der Saugedräns sog. Kopfdräns zu verlegen; das so aufgefangene Wasser ist einem der unterhalb liegenden Dräns zuzuführen.

§ 7. Dränage in der Nähe von Bäumen und Sträuchern.

Dränage in der Nähe von Bäumen.

Die Rohrstränge sind von Bäumen und Sträuchern, deren Rodung untunlich ist, und deren Wurzeln, wie bei den Pappeln, Weiden usw., sich weit ausbreiten, 15 bis 20 m entfernt zu halten oder durch Anwendung von Muffenrohren, die mit Zement zu dichten sind, und durch Tränken der Rohrenden mit Karbolineum, gegen Verwachsen zu sichern. Der in einem solchen Falle verbleibende Streifen muß durch einen Sauger entwässert werden.

§ 8. Ableitung von Quellen.

Ableitung von Quellen.

Für die Entwässerung quelliger Stellen genügt bei geringem Wasserandrange das Einlegen besonderer Dräns. Andernfalls ist als Wassersammler ein Steinkessel (Grube mit Steinfüllung) herzustellen und mit einer für die Beackerung genügenden Bodenschicht zu überdecken. Von hier ist die Quelle mit angemessen weiten Röhren auf dem kürzesten Wege in den nächstliegenden Sammler oder Vorfluter einzuleiten.

Teil II.

Die förmliche Behandlung der Dränageentwürfe.

A. Vorentwürfe für die Bildung von Dränagegenossenschaften.

§ 9. Vorbemerkungen.

Vorbemerkungen.

Die Verhandlungen über die Bildung von Dränagegenossenschaften ergaben vielfach die Notwendigkeit einer Änderung der aufgestellten Entwürfe um den Wünschen und Forderungen der Beteiligten gerecht werden zu können. Es empfiehlt sich daher zur Ersparung an Zeit, Mühe und Kosten, die den Verhandlungen zugrunde zu legenden Entwürfe, soweit solche Änderungen zu erwarten sind, oder ein Zustandekommen der Genossenschaft zweifelhaft erscheint, nur als Vorentwürfe zu behandeln und erst nach erfolgter Bildung der Genossenschaft für die Ausführung Sonderentwürfe aufzustellen, die dann allerdings der nochmaligen Prüfung und Feststellung durch den MeliorationsBaubeamten bedürfen. Zu dem Zwecke ist durch Aufnahme einer entsprechenden Bestimmung im § 1 des Normal-Statuts der Vorstand zur nochmaligen Vorlage der Sonderentwürfe vor Inangriffnahme ihrer Ausführung zu verpflichten.

Für die Bearbeitung der Vorentwürfe gelten die folgenden, von dem Minister für Landwirtschaft, Domänen und Forsten gegebenen Vorschriften:

§ 10. Der Übersichtsplan.

Der Übersichtsplan.

Zu der Übersichtskarte eignen sich besonders die Meßtischblätter (1:25000). Das Genossenschaftsgebiet ist rot anzulegen und mit einem kräftigen roten Strich zu umrändern; auf die Übereinstimmung der Genossenschaftsgrenzen im Übersichts- und Lageplan ist besonders zu achten. Die Vorfluter sind durch blaue Linien mit Pfeilen in der Gefällsrichtung und ihre Niederschlagsgebiete durch rot punktierte Linien zu bezeichnen. Die Größe der Niederschlagsgebiete ist einzutragen.

§ 11. Der Lageplan.

Der Maßstab des Lageplanes darf nicht kleiner als 1:5000 sein; die Form soll die Größe von 55:65 cm nicht überschreiten. Der Plan muß die Oberflächengestaltung durch Höhenschichtenlinien klarstellen. Bei schwierig zu entwässernden Stellen sind außerdem Höhenzahlen einzutragen. Der Plan muß ferner in Hinsicht auf den Entwurf enthalten: die vorhandenen und die neu herzustellenden Vorfluter mit Stationierung, die Begrenzung der Systeme durch rot gestrichelte Linien, die Sammler mit kräftigen blauen Linien unter Angabe ihres Gefälles (auf je hundert) und der Höhenzahlen an den Brechpunkten, die Richtung der Sauger durch blaue Pfeile, die Ergebnisse der Bodenuntersuchungen (mindestens bis zu einer Tiefe von 1,5 m), Festpunkte und Höhenzahlen sowohl der Ausmündungen der Systeme wie auch der Grabensohle daselbst. Das endgültig festgesetzte Genossenschaftsgebiet, auch die innerhalb dieses Gebiets gelegenen Flächen, Hofräume 2c., welche nicht dräniert werden sollen, sind mit einem kräftigen roten Streifen zu umrändern.

§ 12. Der Höhenplan und die Querschnitte der Vorfluter.

Ein eingehender Nachweis über eine genügende Vorflut muß geliefert werden. Es ist daher ein Höhenplan mit Querschnitten der Vorfluter aufzunehmen und aufzuzeichnen. In diesen Höhenplan ist der Entwurf in der üblichen Weise einzutragen. Es empfiehlt sich, diese Pläne in einem besonderen Hefte in Aktenform zusammenzufassen.

Auf die Herstellung dieser Unterlagen finden die nachfolgenden Bestimmungen über die Aufstellung der Sonder-Dränageentwürfe sinngemäße Anwendung.

§ 13. Die Erläuterung.

Die Erläuterung muß nach den Angaben im § 20 geordnet sein und namentlich die Vorflutverhältnisse und die gewählte Strangentfernung eingehend erörtern. Für alle Vorfluter, welche ein größeres Niederschlagsgebiet als 150 ha haben, ist nach dem Muster der Anlage A eine Nachweisung über die Leistungsfähigkeit der gewählten Querschnitte zu liefern.

§ 14. Der Kostenüberschlag.

Der Kostenüberschlag ist nach den in § 21 angegebenen Titeln zu ordnen. Die Länge der Drängräben ist nach folgenden Erfahrungssätzen zu bestimmen: Auf 1 ha zu dränierender Fläche kommen bei e m Strangentfernung n lfd. m Drängräben

e =	10	10,5	11	11,5	12	12,5	13	13,5	14	14,5	15	15,5	16
n =	1100	1050	1000	957	915	877	840	812	785	757	730	705	680
e =	16,5	17	17,5	18	18,5	19	19,5	20	21	22	23	24	25
n =	658	635	618	600	588	575	562	550	524	500	478	456	425.

Hiervon sind zu belegen mit Röhren (auf das lfd. m 3,3 Stück einschließlich Bruch)

von 4 5 6,5 8 10 13 16 cm

a) bei Verwendung von 6,5 cm weiten Röhren:
80,6% 8,5% 3,7% 2,6% 2,2% 1,7% 0,7%

b) ohne 6,5 cm weite Röhren:
79,9% 8,7% — 5,9% 2,6% 1,8% 1,1%.

Der Kosteneinheitssatz für 1 ha ist am Schlusse des Überschlages zum Ausdruck zu bringen.

§ 15. Das Teilnehmerverzeichnis.

Das Teilnehmerverzeichnis ist auf Grund der beizufügenden Auszüge aus der Grundsteuer=Mutterrolle nach dem Muster Anlage B, das gleichzeitig auch als Abstimmungsliste bei den Verhandlungen verwendet werden kann, anzufertigen.

Das Teilnehmerverzeichnis.

Anlage B.

B. Sonder=Dränageentwürfe.

a) Allgemeines.

§ 16. Bestandteile eines Dränageentwurfs.

Jeder Dränageentwurf besteht aus:

a) einer Übersichtskarte, den Lage= und Höhenplänen mit der Darstellung der Dränanlagen, sowie den Querschnitten der Vorflutgräben,

b) der Erläuterung nebst einer Zusammenstellung der Vorflutanlagen und der Festpunkte,

c) der Drännachweisung mit der Flächenberechnung,

d) dem Anschlage, welcher sich zusammensetzt aus der Massen=, Baustoff= und Kostenberechnung und,

e) falls die Bildung einer öffentlichen Wassergenossenschaft beabsichtigt wird, einem Teilnehmerverzeichnis.

Bestandteile eines Dränageentwurfs.

Jede Ausarbeitung und Zeichnung ist mit der Bezeichnung des Entwurfs, Angabe der Provinz, des Regierungsbezirkes und des Kreises zu versehen und von dem Verfasser unter Angabe des Ortes, des Datums und der Amtseigenschaft zu vollziehen.

Für die in einer Mappe vorzulegenden Pläne ist nur bestes, vor dem Gebrauch auf Leinwand zu ziehendes Zeichenpapier zu verwenden; die Größe der Pläne darf 55 : 65 cm nicht überschreiten, erforderlichenfalls sind mehrere Pläne klappenartig zu verbinden. Auf sämtlichen Lageplänen ist die Nordlinie anzugeben; jede Zeichnung ist mit den erforderlichen Maßstäben zu versehen.

Die Bestimmungen über die Anwendung gleichmäßiger Bezeichnungen für topographische und geometrische Karten sind laut Beschluß des Zentraldirektoriums der Vermessungen vom 20. Dezember 1879 und den Abänderungen vom 16. Dezember 1882 und 12. Dezember 1884 maßgebend.

Bei der Anfertigung der Sonderentwürfe sind die in den allgemeinen Entwürfen gebrauchten Bezeichnungen der Vorfluter und der Dränsysteme möglichst beizubehalten, desgleichen auch die Stationierung der Vorfluter.

b) Einzelheiten der Dränageentwürfe.

Übersichtskarte § 17. **Übersichtskarte.**

Eine Übersichtskarte in Aktenform ist in allen Fällen beizufügen.

Als Übersichtskarten sind die Meßtischblätter 1 : 25000 oder die Generalstabskarten 1 : 100000 zu benutzen, in welchen die zu dränierenden Flächen farbig anzulegen und mit einem gleichen Farbestreifen kräftig zu umrändern sind*). Die Vorflutgräben sind blau einzuzeichnen, mit roten Buchstaben zu versehen und die Niederschlagsgebiete der größeren durch rotpunktierte Linien und blaue Farbstreifen zu begrenzen; die Gesamtgröße der zu dränierenden Flächen sowie die Größe der Niederschlagsgebiete sind einzuschreiben.

---

*) Auf den Übersichtskarten zu Anschlußentwürfen sind die bereits meliorierten Flächen besonders zu kennzeichnen.

§ 18. Lageplan.

Lageplan.

Als Maßstab für die Lagepläne ist, wenn möglich, das Verhältnis 1 : 2000 zu wählen, bei Neumessungen muß dieser angewendet werden; hierbei sind auch die Bestimmungen über den Anschluß der Sondervermessungen an die trigonometrische Landesvermessung der Zentraldirektion der Vermessungen im preußischen Staate vom 29. Dezember 1879 zu beachten.

Jeder Lageplan muß die zu dränierenden Flächen mit ihren Grenzen und deren näherer Umgebung, einschließlich der als Vorfluter dienenden Wasserläufe, ferner Gräben, Deiche, Quellen, die Wege und Eisenbahnen mit ihren Bauwerken an Brücken, Schleusen, Wehren, die Festpunkte, die Höhenschichtenlinien, die Bodenuntersuchungsstellen und den Dränageentwurf enthalten. Die Besitzstände der einzelnen Grundbesitzer, die Feldmarks- und Flurgrenzen unter Benennung der angrenzenden Feldmarken, die Ortschaften und Gebäude, die Kulturarten des Bodens (Acker, Wiese, Wald, Heide, Hutung, Brücher, Gruben und Steinbrüche, sowie die Schlaggrenzen) sind ebenfalls anzugeben. Soll eine öffentliche Genossenschaft gebildet werden, so sind auch bei den einzelnen Besitzständen die Katasternummern sowie die Bodenklassen anzugeben; desgleichen ist das Genossenschaftsgebiet mit demjenigen Farbenton zu umrahmen, welcher für die Übersichtskarte gewählt ist (vgl. § 17).

Die Höhenmessungen sind an sichere Festpunkte, womöglich die der Landesaufnahme und des Bureaus für Hauptnivellements und Wasserstandsbeobachtungen im Ministerium der öffentlichen Arbeiten, anzuschließen und auf Normal-Null (N.N.) zu beziehen. Von den trigonometrischen Punkten sind nur die als Festpunkte anzusehen, die in das Höhennetz der Landesaufnahme und in die Verzeichnisse der Höhenmessungsergebnisse als eingewogene Punkte aufgenommen sind. Wenn eine Anschlußhöhenmessung unverhältnismäßig hohe Kosten erfordern sollte, so ist ein Festpunkt in größerer Nähe auszuwählen. Als solche sind nur unverrückbare und möglichst unvergängliche Punkte (Pegel, Fachbäume usw.) zu benutzen. Lose Steine, Nägel in Zäunen und Bäumen sind durchaus ungeeignet. Zwischenfestpunkte sind möglichst zahlreich einzumessen und in den Lageplänen deutlich zu bezeichnen (z. B. F.P. + 128,29).

Höhenmessungen.

Sämtliche Festpunkte sind ihrer Lage und Höhe nach in einem besonderen Verzeichnisse nachzuweisen.

Höhenschichtenlinien. Um die Gestaltung der Oberfläche des Geländes an allen Stellen klarzulegen, ist eine Flächenhöhenmessung auszuführen. Die erhaltenen Höhenzahlen sind mit schwarzer Farbe (2 Dezimalstellen) in den Plan einzuschreiben und nach denselben die Höhenschichtenlinien in gleichmäßigen Höhenabständen zeichnerisch genau zu entwerfen.

Wenn die Fläche stark zerteilt ist, und die Karte durch Eintragung der Teilstücknummern und der Höhenzahlen an Übersichtlichkeit verlieren würde, so kann von der Einschreibung der Teilstücknummern abgesehen werden, die dann in Nebenkarten zu geben sind.

Über die Abstände der Höhenschichtenlinien können allgemeine Vorschriften nicht gegeben werden; als Anhalt mag dienen, daß dieselben bei geringen Gefällen 0,20 m betragen können, bei starken jedoch 2,0 m nicht übersteigen sollen.

In jedem Falle müssen die Lagepläne ein klares und vollständiges Bild der Bodengestaltung bieten und dürfen an keiner Stelle Zweifel über dieselbe zulassen.

Bodenuntersuchungen. Die Stellen, an denen Bodenuntersuchungen stattgefunden haben, sind in den Lageplänen durch rote Kreise und römische Zahlen zu bezeichnen; das Ergebnis der Bodenuntersuchungen ist auf dem Lageplan farbig darzustellen. Die einzelnen Bohrlöcher, welche den gleichen Befund ergeben haben, sind mit gleichlautenden, roten Zahlen zu bezeichnen.

Bodendurchschnitte. Aus den Bodendurchschnitten (vgl. Blatt 1) müssen die Bodenarten (Schliefsand, Sand, lehmiger Sand, sandiger Lehm, fetter Lehm, Ton u. s. w.) sowie die Tiefen der einzelnen Schichten und der Stand des Grundwassers ersichtlich sein.

Vorflutgräben. Die Vorflutgräben sind durch blaue Farbestreifen, welche für ganz neue Anlagen mit roten, für bestehende mit schwarzen Linien einzufassen sind, und durch große rote Buchstaben zu bezeichnen. Die Richtung des Wasserlaufes ist durch blaue Pfeilstriche, neue Brücken und Durchlässe sind mit roter Farbe kenntlich zu machen.

Begrenzung und Bezeichnung der Systeme. Für die Begrenzung der Systeme sind hauptsächlich die Wasserscheiden im Dränagegebiet maßgebend, die durch rot punktierte Linien zu bezeichnen sind.

Die einzelnen Systeme sind fortlaufend durch große offene, blaue, arabische Zahlen zu unterscheiden*).

Die Sammler desselben Systems werden durch kleine blaue Buchstaben und die zu jedem einzelnen Sammler gehörigen Sauger fortlaufend mit blauen, arabischen Zahlen bezeichnet.

Die Sammler sind in kräftigen blauen Linien darzustellen; Übergangspunkte aus einem Gefälle in das andere sind durch rote Querstriche, desgleichen aus einer Rohrweite in die andere durch blaue Kreuze zu kennzeichnen. Die Sohlenhöhe ist an jedem Gefällswechsel durch rote Höhenzahlen (nicht durch Angabe der Tiefen unter Gelände), das Gefälle nach % in roten und die Rohrweite in blauen Zahlen anzugeben. Bei der Vereinigung zweier Sammler ist die Sohlenhöhenzahl des Hauptsammlers und des Nebensammlers (eingeklammert) einzutragen. Sammler.

Die Ausmündungen der Sammler sind durch einen kräftigen roten Strich in der Verlängerung des untersten Sammlers und durch das Wort Aus mit der Nummer des Systems zu bezeichnen. Ferner sind die Höhenzahlen der Ausmündung, der Grabensohle und des Mittelwasserstandes anzugeben. Ausmündungen.

Die Sauger sind in schwächeren blauen Linien darzustellen. Die Tiefe unter Gelände, sofern es sich um Mindertiefen handelt, und die Strangentfernung sind mit blauen Zahlen einzuschreiben. Sauger.

Senkbrunnen und Brunnenstuben sind durch kleine rote Vierecke zu bezeichnen. Senkbrunnen und Brunnenstuben.

Als Muster für die Darstellung dient der beigegebene Lageplan. (Blatt 1.) Blatt 1.

§ 19. Höhenpläne für die Gräben.

Alle Vorflutgräben und Vorflutdräns sind in Höhenplänen, zu denen Millimeterpapier Verwendung finden kann, darzustellen (Höhenmaßstab 1 : 100); ebenso die Sammler mit schwachem und künstlichem Gefälle und in unregelmäßigem Gelände (bei Durchschneidung von Höhen und Tiefen). Die Höhenpläne der Gräben müssen die Höhenzahlen der vorhandenen und der neuen Grabensohle, des Ufers sowie des mittleren und höchsten Wasserstandes in Höhenpläne der Gräben.

---

*) Bei Anschlußentwürfen sind die neuen Systeme im Anschluß an die früheren fortlaufend zu numerieren.

Abständen von 50 zu 50 m, die Sohlen und Bauwerksunterkanten der Brücken und Durchlässe, unter Angabe der Weite, Bauart und Befestigungsart der Bauwerksohlen, sowie die Sohlengefälle ($^0/_{00}$) enthalten. Die neue Sohle ist in Zinnober auszuziehen. Darzustellen sind ferner die Einmündungen der Neben- und Stichgräben sowie die Ausmündungen der Systeme. Falls in einem Dränage-Vorflutgraben durch ein Stauwerk oder durch wechselnde Wasserstände Rückstau erzeugt wird, ist dessen Höhe anzugeben. Die Art der Darstellung geht aus der beigegebenen Zeichnung hervor. (Blatt 2.)

Blatt 2.

Erläuterungs-bericht.

§ 20. Die Erläuterung.

Die Erläuterung soll kurz sein und nur eine Ergänzung der zeichnerischen Darstellung bieten, eine Beschreibung der bestehenden Verhältnisse sowie der vorkommenden Übelstände geben und die für Beseitigung der letzteren in Vorschlag gebrachten Maßnahmen erörtern.

Im besonderen muß die Erläuterung enthalten:
1. Eine Mitteilung über den Auftrag zur Aufstellung des Entwurfes.
2. Angaben über die Lage der zu dränierenden Flächen (Regierungsbezirk, Kreis, Entfernung von der nächsten Eisenbahnstation 2c.) und deren Begrenzung.
3. Die Beschreibung des Niederschlagsgebietes, Angaben über die vorhandenen Vorfluter, die Oberflächengestaltung, die Bodenbeschaffenheit der zu dränierenden Flächen und die Ursachen der Nässe.
4. Angaben über die den Berechnungen der Grabenabmessungen zugrunde gelegten Abflußmengen, über die Sohlenbreiten und Böschungsneigung der Gräben, deren Niederschlagsgebiet größer als 1,5 qkm, sowie Mitteilungen über den baulichen Zustand der Brücken und Durchlässe.

Anlage C.
5. Ein Verzeichnis der Vorflutanlagen nach Anlage C.

Sollten für die Beschaffung der Vorflut in einzelnen Fällen fremde Grundstücke in Anspruch genommen werden, so ist mitzuteilen, in welcher Weise die Erhaltung dieser Vorflut für die Dauer gesichert ist.
6. Mitteilungen über die Ergebnisse der Bodenuntersuchungen unter Angabe der Zeit und der Witterungsverhältnisse bei Ausführung derselben.

7. Begründung der gewählten Strangtiefen und Entfernungen.
8. Die Beschreibung der einzelnen Systeme unter Angabe der bezüglichen Vorfluter, der größten Längen der Sammler und Sauger, der kleinsten Gefälle der Sammler*) und Mitteilungen über die Behandlung quelliger Stellen.
9. Angaben über die Bezugsquellen der Baustoffe und über die Länge der Wege (Eisenbahn, Chaussee, Landweg), auf denen sie zur Verwendungsstelle angefahren werden müssen.
10. Angaben über den ortsüblichen Tagelohn, Begründung des Einheitspreises für Herstellung von 1 m Dränstrang unter Berücksichtigung der Beiträge für Kranken=, Unfalls=, Alters= und Invaliditätsversicherung und der Gebühren für Beaufsichtigung und Leitung der Arbeiten, welche in den Einheitspreisen anteilig mit enthalten sein müssen.
11. Mitteilung der Gesamtkosten und deren Verteilung auf 1 ha der entwässerten Fläche.
12. Den Nachweis der Mehrerträge und Vorteile, welche nach Ausführung der Dränage zu erwarten sind.

§ 21. Der Kostenanschlag.

Kosten= anschlag.

Der Kostenanschlag ist nach folgenden Titeln zu ordnen:

Titel I. Vorarbeiten.

Hier sind in einer Summe die nach Hektar zu ermittelnden Kosten aufzunehmen für Beschaffung der Übersichtskarte und des Lageplanes (Abzeichnung der Katasterkarte mit Ergänzung bezw. Umzeichnung oder Neumessung) für die Höhenmessungen und Herstellung der Höhenpläne sowie für die Aufstellung des Entwurfs und des Teilnehmerverzeichnisses.

Titel II. Grunderwerb.

Bei Beschaffung der Vorflut auf fremdem Gelände und bei Erwerb von Land für Anlegung oder Verbreiterung von Gräben sind die zu erwerbenden Flächen besonders nachzuweisen.

---

*) Die Ermittelung der Rohrweiten hat auf Grund der Tabellen bzw. zeichnerischen Tafel zu erfolgen; sie ist mit der Zusammenstellung für den Röhrenbedarf der Sammler nach Anlage F zu verbinden.

Titel III. Vorflutanlagen.

Hierin sind getrennt zu berechnen die Kosten für Räumung und Vertiefung vorhandener Gräben und für Herstellung neuer Gräben.

Bei der Vertiefung vorhandener und der Herstellung neuer Gräben ist die zu bewegende Erdmasse besonders zu ermitteln und der Einheitspreis unter Berücksichtigung der Kosten für Böschungsbefestigung und Unterbringung des Bodens zu berechnen.

Für Abänderung oder Neubau von Durchlässen und Brücken über die Vorflutgräben sind Sonderanschläge aufzustellen und Skizzen der Bauwerke beizufügen, wobei klarzustellen ist, ob etwa die Fundamente unterfangen werden müssen.

Titel IV. Erdarbeiten für die Rohrgräben.

Die Kosten für Ausheben und Verfüllen der Rohrgräben und für Verlegen der Röhren sind auf Grund der in Anlage D und E vorgeschriebenen Längennachweisung für Sauger und Sammler getrennt zu berechnen. Der Ermittelung der Einheitspreise ist bei Dräntiefen bis zu 1,50 m ein mittleres Tiefenmaß zugrunde zu legen. Sammlerstrecken mit mehr als 1,50 m Tiefe sind nach Tiefengruppen besonders zu veranschlagen. Zu dem Zwecke empfiehlt es sich, die Längen dieser in den Tiefen jedesmal um 0,25 m zunehmenden Gruppen systemweise in einer Tabelle zusammenzustellen.

Titel V. Beschaffung der Röhren.

Die Preise der Röhren frei Ziegelei oder Eisenbahnstation oder Schiff sowie die Kosten für Heranschaffung derselben zur Verwendungsstelle (Lagerung in Haufen) sind gesondert zu berechnen. Für letztere Leistung ist die Beschaffenheit und Länge der Wege sowie das Gewicht der Röhren anzugeben.

In diesem Titel ist auch die Beschaffung der zu verwendenden Muffenrohre, der Dichtungsstoffe sowie die Herstellung der Ausmündungen und Brunnenstuben einschließlich Baustofflieferung zu veranschlagen.

Titel VI. Insgemein.

In Titel Insgemein sind aufzunehmen:

Die Kosten für die Bauaufsicht und die Anfertigung von Reinkarten der ausgeführten Anlage, für die Abrechnung, für unvorhergesehene Arbeiten und Lieferungen, Sohlpfähle für die Vorflut=

gräben, Nummersteine für die Ausmündungen und bei Genossen=
schaftsdränagen für Veröffentlichung des Genossenschaftsstatuts und
die Gebühren des Rechners.

§ 22. Das Teilnehmerverzeichnis.

*Teilnehmer=
verzeichnis.*

Bei Bildung einer öffentlichen Wassergenossenschaft ist die Auf=
stellung eines Teilnehmerverzeichnisses in alphabetischer Reihenfolge
erforderlich, welches Namen, Stand und Wohnort der künftigen
Genossenschaftsmitglieder sowie einen Auszug aus dem Kataster
enthalten muß. Zweckmäßig wird mit diesem Verzeichnisse eine
Abstimmungsliste verbunden. (Siehe Anlage B.)

Kommen mehrere Gemarkungen in Frage, so sind diese getrennt
zu behandeln.

Außerdem ist das Verzeichnis in 2 Gruppen aufzustellen,
wovon die eine die beitragspflichtigen, die andere die beitragsfreien
Mitglieder enthält. Am Ende ist eine Gesamtzusammenstellung
zu geben.

Teil III.
Die Bauausführung.

Vergebung der Arbeiten.

§ 23. Vergebung der Arbeiten.

Der Vergebung der Arbeiten wird zweckmäßig ein schriftlicher Vertrag*) zugrunde gelegt. Dieser muß folgendes enthalten:
die Namen der Vertragschließenden,
den Gegenstand des Unternehmens,
Bestimmungen über die Vollendungs= bzw. Teilfristen sowie etwaige Versäumnisstrafen, desgleichen über
die Höhe der Vergütung (zweckmäßig in Stücklohnsätzen mit genauer Aufführung aller unentgeltlichen Nebenleistungen),
die Vereinbarung eines Tagelohnsatzes bei Stellung von Ar= beitern für außervertragliche Leistungen, desgleichen über
die Arbeitsleistung, die Beschaffenheit der Baustoffe (vgl. § 25 bis 28), Übernahme der Baustoffe durch den Unternehmer, falls diese anderweitig geliefert werden, Beaufsichtigung der Ausführung, Entziehung der Arbeit usw.,
Bestimmungen über notwendig werdende Abweichungen von dem Entwurf, über Zeit der Gewährleistung, Sicherheits= leistung und Zahlungsbedingungen,
Gerichtsstand, schiedsrichterliche Entscheidung,
Kosten für den Stempel.

Beginn und Reihenfolge der Ausführung.

§ 24. Beginn und Reihenfolge der Ausführung.

Die Ausführung darf erst nach Genehmigung des Dränplanes in Angriff genommen werden, und zwar sind zunächst die Vorflut= anlagen, dann die Absteckungen und das Ausheben der Rohr= gräben, das Verlegen der Röhren und das Verfüllen der Rohr= gräben zu bewirken.

---

*) Musterverträge über Meliorationsarbeiten sind z. B. durch den Schlesi= schen Verein zur Förderung der Kulturtechnik in Breslau herausgegeben worden.

§ 25. Beschaffenheit der Röhren.

Die Tonröhren müssen scharf gebrannt sein, einen hellen Klang geben, dürfen nicht Mergel oder Steine enthalten, müssen aus gleichmäßig durchgearbeiteter Masse gerade geformt, inwendig glatt, an den Enden scharf und rechtwinklig zur Rohrachse ohne inneren Rand abgeschnitten und kreisrund sein.

§ 26. Grabenarbeiten.

Die Drängräben sind mit Sorgfalt unter Verwendung der üblichen Dränwerkzeuge von unten nach oben auszuführen; dabei ist der obere Mutterboden auf die eine, der untere tote Boden auf die andere Grabenseite zu werfen.

Die größte Aufmerksamkeit ist auf die richtige Herstellung des Gefälles der Drängraben-Sohlen zu verwenden. Die Sohlenhöhe der Gräben für die Sammler ist durch Höhenmessung an den Gefällswechseln zu bestimmen. Zwischen letzteren ist der Graben mit stetigem Gefälle auszuführen. Bei geringer Geländeabdachung empfiehlt es sich, das Gefälle der Grabensohlen für die Sauger ebenfalls durch Höhenmessung festzustellen.

§ 27. Verlegen der Röhren.

Das Verlegen der Röhren erfolgt bei kleineren Weiten am zweckmäßigsten mit dem Legehaken, bei größeren Weiten mit der Hand. Die Arbeit beginnt am oberen Ende des Drängrabens, und es muß daselbst das erste Rohr nach oben abgeschlossen werden. Das Rohrlager muß fest und rein sein; die einzelnen Rohre sind so dicht als irgend möglich aneinander zu passen; in Triebsand oder Moorboden muß vielfach ein festes Lager hergestellt werden. Jede Deckung der Röhren mit leicht vergänglichen Stoffen ist unstatthaft.

Bei Dränrohrleitungen im Schliefsande sind die Stoßfugen, die selbstverständlich wasseraufnahmefähig bleiben müssen, gegen das Eindringen von Sand zu schützen. Hierfür wird die Anwendung von Kies, grobem Sand, Torfmull, Kohlenschlacke und Mutterboden empfohlen. Diese Stoffe eignen sich auch in eisenschüssigem Boden zum Bedecken der Röhren, um ein späteres Verkitten der Stoßfugen zu verhüten.

Werden vorhandene Dränagen von Chausseen oder Eisenbahndämmen gekreuzt, so sind die Sammeldräns durch Muffenrohre zu ersetzen. Die Sauger sind vor den Dämmen durch Sammler abzufangen (vgl. auch § 5).

Bei der Erneuerung alter Dränagen ist streng darauf zu halten, daß die gekreuzten alten Dräns entweder aufgenommen oder an die neue Dränage angeschlossen werden.

Zufüllen der Drängräben.

§ 28. Zufüllen der Drängräben.

Alsbald nach dem Verlegen sind die Röhren mindestens 0,15 m hoch mit totem Boden sorgfältig zu überdecken, damit sie nicht aus ihrer Lage gebracht oder beschädigt werden können. Der Mutterboden ist als oberste Lage zuletzt aufzubringen.

Abrechnung.

§ 29. Abrechnung.

Die Abrechnung ist genau nach den Titeln des Anschlages aufzustellen. Alle Abweichungen vom Entwurf sind in die Pläne und Massenermittelungen einzutragen, und es ist ihre Notwendigkeit eingehend schriftlich zu erläutern.

Ausführungszeichnung.

§ 30. Ausführungszeichnung.

Auf Grund der Abrechnung ist eine Reinkarte der tatsächlich ausgeführten Anlagen nach den Vorschriften des Teils II dieser Anweisung mit dem Zusatz, daß auch die Längen der Rohrgräben und die neuen Höhenzahlen der Vorflutgräben einzutragen sind, anzufertigen. Auf die genaue Übereinstimmung dieser Karte mit der Ausführung und ihre sorgfältige Aufbewahrung ist besonderes Gewicht zu legen.

Breslau, den 1. Oktober 1910.

Königliche General-Kommission für die Provinz Schlesien.

Anlage A.

Nachweisung der Vorfluter.

Vorflut-graben		Sammel-gebiet	Abzuführende Wassermenge in der Sekunde		Ge-fälle	Rauhigkeit n = ; Böschung 1:						Bemerkungen
						Nach der Berechnung werden abgeführt:				Des Entwurfs		
Be-zeich-nung	Station	qkm	von 1 qkm bei $\frac{M.W.}{H.W.}$	im ganzen in 1	‰	Sohlen-breite m	Wasser-tiefe $\frac{M.W.}{H.W.}$	V in m $\frac{M.W.}{H.W.}$	Q in 1 $\frac{M.W.}{H.W.}$	Sohlen-breite m	Wasser-tiefe $\frac{M.W.}{H.W.}$	
1.	2.	3.	4.	5.	6.	7.	8.	9.	10.	11.	12.	13.
A	0+50	4,0	$\frac{11}{110}$	$\frac{44}{440}$	1,0	0,40	$\frac{0,25}{0,60}$	$\frac{0,49}{0,86}$	$\frac{54}{500}$	0,40	$\frac{0,25}{0,65}$	

Anlage B.

Teilnehmerverzeichnis   Gemarkung

Laufende Nr.	Des Besitzers Name, Stand und Wohnort	Kataster= bezeichnung des Teilstückes			Des ganzen Teilstückes				Davon beteiligt			
		Kartenblatt (bzw. Flur)	Nummer	Kulturart	Größe			Reinertrag		Größe			Reinertrag	
					ha	a	qm	ℳ	₰	ha	a	qm	ℳ	₰
1.	2.	3.	4.	5.	6.			7.		8.			9.	
10.	Bergmann, Heinrich, Schuhmacher zu Posen	1	183 b	A 5	1	62	40	5	72	1	62	40	5	72
		2	139	A 6	1	48	60	4	07		74	30	2	04
		—	158 b	A 4	1	80	50	9	90	1	80	50	9	90

Zusammen Seite 1

Seite

Summe der Beteiligung des einzelnen Besitzers					Ergebnis der Verhandlung über die Bildung der Genossenschaft:																Bemerkungen
					Zustimmend:					Widersprechend:					Fehlend oder nicht abstimmend:					
Größe			Reinertrag		Größe			Reinertrag		Größe			Reinertrag		Größe			Reinertrag		
ha	a	qm	ℳ	₰	ha	a	qm	ℳ	₰	ha	a	qm	ℳ	₰	ha	a	qm	ℳ	₰	
10.			11.		12.			13.		14.			15.		16.			17.		18.
4	17	20	17	66	4	17	20	17	66	—	—	—	—	—	—	—	—	—	—	

Aufgestellt, N.N., den 19

(Unterschrift des Entwurfverfassers.
Bescheinigung des Kommissars und des Meliorationsbaubeamten.)

Anlage C.

Zusammenstellung
der
Vorflutanlagen.

(Diese Tabelle findet nur Anwendung, wenn größere Vorfluter neu angelegt oder ausgebaut werden sollen.)

Vorflutgraben		Sammelgebiet	Abzuführende Wassermenge in der Sekunde		Gefälle ⁰/₀₀
Bezeichnung	Station	qkm	von 1 qkm bei $\frac{\text{M. W.}}{\text{H. W.}}$ in l	im ganzen	
1.	2.	3.	4.	5.	6.
A	0 + 50	4,0	$\frac{8}{110}$	$\frac{32}{440}$	1,0

Rauhigkeit n = ; Böschung 1:						Bemerkungen
Nach der Berechnung werden abgeführt:				Des Entwurfs		
Sohlen-Breite m	Wassertiefe M.W. / H.W.	V in m M.W. / H.W.	Q in l M.W. / H.W.	Sohlenbreite m	Wassertiefe M.W. / H.W.	
7.	8.	9.	10.	11.	12.	13.
0,50	0,20 / 0,65	0,22 / 0,47	34 / 451	0,50	0,20 / 0,65	

Anlage D.

Längen und Strangentfernung der Saugedräns.

	1		2		3		4		5		
Laufende Nr.	Entfernung	Länge	Laufende Nr.	Entfernung	Länge	Laufende Nr.	Entfernung	Länge	Laufende Nr.	Entfernung	Länge	Bemerkungen
	m	m		m	m		m	m		m	m	
System 11.						**System 12.**						
1	14	58	.	14								
2		19	.									
3		25	.									
4		34	.									
5		42	.									
6		54	.									
7		62	.									
8		72	.									
9		80	.									
10			.									
.			Sa. 2		860							
.			Sa. 1		2420							
.			Sa. Syst. 11		3280							
Sa. 1		2420										

Anlage E.

Die Sammler.

I. Die Lichtweiten, Längen und Tiefen der Sammler.
II. Zusammenstellung der Längen der Sammler.
III. Ermittelung des Bedarfs an Muffenröhren.

— 38 —

Nr. des Dränsystems	Bezeichnung der Sammler	Gefälle der Sammler %	Entwässerungsgebiet der betreffenden Sammlerstrecke ha	Entwässerungsgebiet des ganzen Systems ha	Länge der Dräns im Durchmesser von							Bemerkungen
					5	6,5	8	10	13	16	18	21
					Zentimeter							
					m	m	m	m	m	m	m	m

I. **Ermittelung der Lichtweiten, Längen und Tiefen der Sammler.**

Nr.	Bez.	%	ha	ha	5	6,5	8	10	13	16	18	21
11	a	0,76	1,11		105							
	"	0,76	1,84			45						
	"	2,3	2,20			23						
	b	0,55	0,39		73							
	"	1,7	0,60		35							
	a	3,25	4,44			83						
	c	1,90	0,40		67							
	"	1,10	1,05		88							
	"	0,9	1,90				190					
	d	0,83	0,34		55							
	c	2,4	2,38			58						
	"	2,7	2,50			85						
	a	0,48	7,94						125			
	e	3,0	0,43		40							
	"	0,50	0,90		155							
	"	0,24	10,63							230		
	f	0,20	0,55		75							
	"	0,20	0,94			50						
	g	2,0	1,19		157							
	"	0,6	1,38			60						
	f	0,15	2,94					70				
	"	0,15	3,62			55						
	"	0,7	3,73			106						
	a	0,15		14,36							10	
Sa. 11					850	594		70	286	230	10	

— 39 —

Nr. des Dränsystems	Bezeichnung der Sammler	Gefälle der Sammler %	Entwässerungs-gebiet		Länge der Dräns im Durchmesser von								Bemerkungen
			der betreffenden Sammler-strecke ha	des ganzen Systems ha	5	6,5	8	10	13	16	18	21	
					\multicolumn{8}{c	}{Zentimeter}	
					m	m	m	m	m	m	m	m	

II. Zusammenstellung der Längen der Sammler.

1			.	.	.	.	.	.	.	.	.	.	
2			.	.	.	.	.	.	.	.	.	.	
.			.	.	.	.	.	.	.	.	.	.	
.			.	.	.	.	.	.	.	.	.	.	
.			.	.	.	.	.	.	.	.	.	.	
.			.	.	.	.	.	.	.	.	.	.	
.			.	.	.	.	.	.	.	.	.	.	
11			.	.	850	594		70	286	230	10		
	zusammen				4088	1322	1031	715	612	409	10		

III. Ermittelung des Bedarfs an Muffenröhren.

1	b					5							
10	a						8						
11	a f								8 6				
						5	8		14				

Anlage F.

Ermittelung der Stückzahl und des Gewichtes der Röhren.
(Rohrlänge 0,31 m.)

Laufende Nr.	Lichtweite der Dräns cm	Länge der Drängräben m	Stückzahl			Gewicht		Bemerkungen
			Auf 1 m Grabenlänge	Im ganzen Stückzahl	abgerundet auf Tausend	1000 Stück in Tonnen = 20 Ztr.	Im ganzen Tonnen	
1	4	32 704	3,3	107 923	108 000	0,95	102,60	
2	5	4 088	=	13 490	14 000	1,25	17,50	
3	6,5	1 322	=	4 363	4 500	1,75	7,90	
4	8	1 031	=	3 402	3 500	2,35	8,20	
5	10	715	=	2 360	2 500	3,20	8,00	
6	13	612	=	2 020	2 000	4,80	9,60	
7	16	409	=	1 350	1 400	7,00	1 00	
8	18	10	=	36	40	8,50	0,40	
		Sa. 40 891					Sa. 155,20 = r. 156 Tonnen.	

— 41 —

Anlage G.

Tabelle
zur Bestimmung des Röhrendurchmessers bei Annahme einer sekundlichen Abflußmenge
von 0,65 Liter von 1 ha Fläche.

bei einem Gefälle auf 100 m von	Zu entwässernde Fläche für Dränröhren-Leitung in einem Durchmesser von								Bemerkungen
	4 cm	5 cm	6,5 cm	8 cm	10 cm	13 cm	16 cm	18 cm	21 cm	
m	ha	ha	ha	ha	ha	ha	ha	ha	ha	
0,05	—	—	—	—	—	—	5,94	8,12	12,12	Die Berechnung ist erfolgt
0,10	—	—	—	1,38	2,48	4,92	8,41	11,49	17,13	nach der Formel:
0,15	—	—	—	1,68	3,04	6,03	10,30	14,07	21,00	
0,20	—	0,57	1,18	1,95	3,51	6,96	11,88	16,25	24,25	$Q = 2,818 \, d^2 \, \frac{a}{b} \sqrt{\frac{50 \, d \, h}{1 + 50 \, d}}$.
0,25	0,34	0,63	1,27	2,18	3,93	7,78	13,29	18,16	27,11	
0,30	0,38	0,69	1,39	2,38	4,30	8,52	14,56	19,90	29,70	Der Beiwert $\frac{a}{b}$ ist ange-
0,35	0,41	0,75	1,50	2,58	4,64	9,21	15,73	21,50	32,08	
0,40	0,44	0,80	1,60	2,75	4,97	9,85	16,81	22,98	34,27	nommen für einen Röhren-
0,45	0,46	0,85	1,70	2,92	5,27	10,44	17,83	24,37	36,37	durchmesser
0,50	0,49	0,90	1,79	3,08	5,55	11,00	18,80	25,69	38,34	von 4 cm = 0,71
0,55	0,51	0,94	1,88	3,24	5,82	11,55	19,71	26,95	40,21	„ 5 „ = 0,75
0,60	0,53	0,98	1,96	3,37	6,08	12,06	20,59	28,14	42,00	„ 6,5 „ = 0,78
0,65	0,56	1,02	2,04	3,51	6,33	12,55	21,43	29,29	43,72	„ 8,0 „ = 0,80
0,70	0,58	1,06	2,12	3,65	6,57	13,03	22,24	30,39	45,37	„ 10,0 „ = 0,83
0,75	0,60	1,10	2,20	3,78	6,80	13,48	23,02	31,46	46,96	„ 13,0 „ = 0,86
0,80	0,62	1,13	2,27	3,90	7,02	13,92	23,77	32,49	48,50	„ 16,0 „ = 0,88
0,85	0,64	1,17	2,34	4,03	7,24	14,35	24,51	33,49	49,99	„ 18,0 „ = 0,90
0,90	0,66	1,20	2,40	4,13	7,45	14,76	25,22	34,46	51,44	„ 21,0 „ = 0,92
0,95	0,68	1,23	2,47	4,24	7,65	15,17	25,91	35,41	52,85	Die Größe der entwässerten
1,00	0,69	1,27	2,54	4,36	7,85	15,57	26,58	36,33	54,22	Fläche (F) ist:
1,50	0,85	1,55	3,11	5,33	9,62	19,07	32,56	44,50	66,43	F = 1,5385 Q
2,00	0,98	1,80	3,59	6,16	11,10	22,02	37,59	51,38	76,67	(F in ha, Q in Liter).
3,00	1,20	2,20	4,39	7,55	13,60	26,96	46,04	62,92	93,92	
4,00	1,38	2,54	5,07	8,71	15,70	31,13	53,17	72,65	108,45	
5,00	1,54	2,84	5,67	9,73	17,55	34,81	59,44	81,23	121,25	
6,00	1,69	3,11	6,21	10,66	19,23	38,14	65,13	89,00	132,85	
7,00	1,82	3,36	6,71	11,51	20,77	41,19	70,34	96,12	143,48	
8,00	1,95	3,59	7,18	12,31	22,20	44,04	75,18	102,75	153,35	
9,00	2,07	3,81	7,61	13,07	23,56	46,70	79,75	108,98	162,67	
10,00	2,19	4,02	8,02	13,76	24,82	49,23	84,06	114,87	171,46	

Anlage H.

Tabelle
zur Bestimmung des Röhrendurchmessers bei Annahme einer sekundlichen Abflußmenge
von 0,8 Liter von 1 ha Fläche.

bei einem Gefälle auf 100 m von	Zu entwässernde Fläche für Dränröhren-Leitungen mit einem Durchmesser von							Bemerkungen
	4 cm	5 cm	6,5 cm	8 cm	10 cm	13 cm	16 cm	
m	ha	ha	ha	ha	ha	ha	ha	
0,1	—	—	—	1,12	2,02	4,00	6,83	Die Tabelle ist
0,2	0,25	0,46	0,92	1,58	2,85	5,65	9,66	nach derselben For-
0,25	0,28	0,52	1,03	1,76	3,19	6,33	10,80	mel wie die Tabelle
0,30	0,31	0,56	1,12	1,93	3,49	6,92	11,82	der Anlage G be-
0,40	0 35	0,65	1 31	2,23	4,04	7,99	13,65	rechnet
0,50	0,39	0,73	1,46	2,50	4,51	8,94	15,27	Die Größe der
0,75	0,48	0,90	1,79	3,06	5,52	10,95	18,71	entwässerten Fläche
1,00	0,56	1,03	2,06	3,54	6,38	12,65	21,60	(F) ist: F=1,25 Q
1,50	0,68	1,27	2,52	4,33	7,81	15,50	26,46	(F in ha, Q in Liter).
2,00	0,79	1,46	2,91	5,00	9,02	17,88	30,54	
3,00	0,96	1,79	3,58	6,11	11,05	21,91	37,41	
4,00	1,12	2,06	4,12	7,07	12,76	25,30	43,20	
5,00	1,25	2,30	4,60	7,91	14,27	28,29	48,30	
6,00	1,36	2,53	5,04	8,66	15,63	30 98	52,90	
7,00	1,47	2,74	5,45	9,37	16,88	33,47	57,15	
8,00	1,58	2,92	5,82	10,00	18,04	35,77	61,08	
9,00	1,68	3,09	6,18	10,60	19,14	37,94	64,80	
10,00	1,77	3,26	6,52	11,19	20,18	40,00	68,30	
11,00	1,86	3,43	6,83	11,74	21,16	41,96	71,65	
12,00	1,93	3,58	7,15	12,27	22,10	43 82	74,82	
13,00	2,01	3,72	7,43	12,77	23,00	45,62	77,89	
14,00	2,09	3,87	7,71	13,23	23,87	47,34	80,83	
15,00	2,15	4 00	7,99	13,69	24,71	49,00	83,66	
16,00	2,24	4,13	8,24	14,15	25,52	50,59	86,39	
17,00	2,31	4,26	8,50	14,58	26,30	52,16	89,06	
18,00	2,38	4,38	8,75	15,02	27,07	53,67	91,65	
19,00	2,43	4,49	8,98	15,44	27,80	55,14	94.17	
20,00	2,50	4,60	9,20	15,82	28,54	56,58	96,60	

Additional material from *Anweisung für die Aufstellung und Ausführung von Dränageentwürfen,* ISBN 978-3-662-40856-8, is available at http//extras.springer.com

Verlag von Julius Springer in Berlin.

Im Dezember 1910 erschien:

Bodenkunde.

Von Dr. E. Ramann,
o. ö. Professor an der Universität München.

Dritte, umgearbeitete und verbesserte Auflage.

Mit 63 Textabbildungen und 2 Tafeln.

Preis M. 16,—, in Leinwand gebunden M. 17,40.

Früher erschienen:

Die Aufforstung
landwirtschaftlich minderwertigen Bodens.

Eine Untersuchung über die Zweckmäßigkeit der Aufforstung minderwertig oder ungünstig gelegener landwirtschaftlich benutzter Flächen mit besonderer Berücksichtigung des Kleinbesitzes.

Vom Kgl. Sächs. Ministerium des Innern preisgekrönte Arbeit.

Von Dr. K. J. Möller,
Königl. Forstassessor in Schandau i. Sa.

Preis M. 2,80.

Leitfaden für den Waldbau.

Von W. Weise,
Kgl. Oberforstmeister und Direktor der Forstakademie zu Hann.-Münden.

Dritte, vermehrte und verbesserte Auflage.

Preis M. 3,—; in Leinwand gebunden M. 4,—.

Die Theorie der Beobachtungsfehler
und die Methode der kleinsten Quadrate

mit ihrer Anwendung auf die Geodäsie und die Wassermessungen.

Von Otto Koll,
Professor, Geheimer Finanzrat und vortragender Rat im Kgl. Preuß. Finanzministerium.

Mit in den Text gedruckten Figuren.

Zweite Auflage.

Preis M. 10,—; in Leinwand gebunden M. 11,20.

Zu beziehen durch jede Buchhandlung.

MIX
Papier aus verantwortungsvollen Quellen
Paper from responsible sources
FSC® C105338

If you have any concerns about our products,
you can contact us on
ProductSafety@springernature.com

In case Publisher is established outside the EU,
the EU authorized representative is:
**Springer Nature Customer Service Center GmbH
Europaplatz 3, 69115 Heidelberg, Germany**

Printed by Libri Plureos GmbH
in Hamburg, Germany